ÉTAT ACTUEL

DE LA

VITICULTURE AMÉRICAINE

PIGNANS (VAR) 15 MAI 1879

Par le Docteur G. DAVIN

ANCIEN MAIRE, ANCIEN CONSEILLER GÉNÉRAL, MEMBRE DE PLUSIEURS
SOCIÉTÉS SAVANTES, VICE-PRÉSIDENT DU COMICE AGRICOLE
DE TOULON.

DRAGUIGNAN

IMPRIMERIE C. ET A. LATIL, ESPLANADE, 4.

—

1879.

ÉTAT ACTUEL

DE LA

VITICULTURE AMÉRICAINE

PIGNANS (VAR) 15 MAI 1879

Par le Docteur G. DAVIN

ANCIEN MAIRE, ANCIEN CONSEILLER GÉNÉRAL, MEMBRE DE PLUSIEURS
SOCIÉTÉS SAVANTES, VICE-PRÉSIDENT DU COMICE AGRICOLE
DE TOULON.

DRAGUIGNAN

IMPRIMERIE C. ET A. LATIL, ESPLANADE, 4.

—

1879.

ÉTAT ACTUEL

DE

LA VITICULTURE AMÉRICAINE

CAUSERIE

Par le Docteur Gustave DAVIN

DE PIGNANS (Var)

L'année passée 1878 et l'année présente 1879

INFLUENCES CLIMATÉRIQUES.

L'année viticole qui vient de s'écouler (1878-1879) a été marquée, dans notre midi, par une sécheresse excessive des neuf premiers mois et par des pluies diluviennes, la neige, les gelées depuis lors.

Effets de la Sécheresse. — Sous l'influence de la sécheresse Æstivale la plus absolue, les terres fortes, premières conquêtes du phylloxera dans toutes les contrées, ne s'étant pas crevassées, l'insecte dévastateur s'est vu fermer sa principale voie d'immigration et si les vents impétueux qui, si souvent pendant cette période, ont dévasté nos pauvres vignobles, n'avaient disséminé au loin sa malencontreuse engeance, on eut pu voir le fléau momentanément enrayé.

Sous l'influence de ces circonstances, des pieds, fortement attaqués déjà et qui, jadis, n'eussent pas pu murir
leur bois, ont conservé une vigueur suffisante pour produire une assez bonne récolte et d'autres, nouvellement
atteints, qui eussent été affaiblis et stérilisés dans l'année, ont donné un abondant produit.

Nous avons, nous même, il y a quelques jours à peine,
greffé des vignes déjà condamnées l'an passé et qui
avaient repris un certain degré de vigueur.

L'abondance de produits, sur des souches incontesta-
blement atteintes et situées sur les limites de l'enva-
hissement, a été telle, qu'elle a fait espérer à nos
vignerons que, quelque malade qu'elle fut, notre pauvre
vigne se relèverait avec l'aide des frimats de l'hiver et
des pluies du printemps. Fatal espoir que de simples
notions physiologiques suffisent pour détruire ! car,
tandis que le vulgaire et le vigneron, quand ils voient
mourir un arbre après une récolte d'une abondance
inouie, prétendent qu'il succombe épuisé par l'abondance de la production, la physiologie nous enseigne
que, cette fructification inespérée, insolite, n'est qu'un
dernier effort de la prévoyante nature destiné à assurer, par la multiplication de la semence, la conservation
de l'espèce.

Effets du grand froid. — Mais nos vignerons toujours
crédules s'attachent encore à d'autres planches de sa-
lut ; ils espèrent que, l'action des froids aussi intenses
que prolongés, dont nous avons, en dernier lieu souffert, aura suffi pour tuer tous les phylloxera et leur
progéniture ! illusion, que détruit, à tout jamais, ce
simple fait que le phylloxera résiste à — 12° et que les
profondeurs auxquelles vit l'insecte le mettraient à

l'abri, non point seulement dans notre midi, mais partout ou peut croître la vigne ! (1)

Effets des pluies — On a dit, encore, que les pluies abondantes et prolongées dont nous avons souffert ont produit l'effet de la submersion et détruit le fatal Aphidien ; cette erreur repose sur une fausse interprétation des effets de cette opération ; la submersion n'est, en effet, qu'un procédé asphyxique : les animaux supérieurs

---

(1) Voici les observations que j'ai faites, ces jours derniers, relativement à la sensibilité à la gelée de quelques variétés.

Observations générales. Les bas fonds froids et humides, qui souffrent d'habitude ont été, cette année, épargnés ici. Toutes les variétés ont été atteintes aux endroits récemment cultivés. En dehors de ces cas généraux, je n'ai pu étudier que mon école et les parties adjacentes.

La gelée n'y a agi que successivement et par exception.

La glace y a fait moins de mal que le hâle et les vents froids qui lui succédaient pendant plusieurs jours.

Observations particulières. Le *Solonis*, que j'avais cru d'abord respecté à cause de sa végétation tardive, a été le plus profondément atteint.

Le *Vialla* fortement touché, au contraire, ne conserve plus aucune trace du mal. Il en est de même de l'*Oporto*.

Pour ce qui regarde les *Riparia* ils n'ont pas été généralement brûlés, mais ils conservent de profondes traces de forte souffrance ; leurs feuilles développées restent crispées.

Le *mâle à bois rouge* a le plus souffert ; le *Tomenteux violet* vient ensuite.

Le *Musthang* a été ou complètement brûlé ou complètement respecté.

Le *Taylor*, quoi qu'ayant beaucoup souffert en apparences, n'en conserve plus aucune trace.

Au contraire l'*Alvcy*, qui paraissait respecté, a aujourd'hui toutes ses feuilles chiffonées et en mauvais état.

L'*Elvira* profondément atteint n'en conserve aujourd'hui plus de trace.

Le *Jacquez* s'est conduit de différentes manières : aucune bouture franche, à sa deuxième feuille, n'a souffert là ou la terre avait été travaillée en février ; la moitié, au contraire, de celles récemment piochées, a beaucoup souffert mais repousse avec force.

On peut faire la même observation pour les greffes de l'an passé.

On ne peut rien dire, encore, des boutures franches de l'année présente, mais, d'ores et déjà, le mal paraît grand, plus grand même que pour les greffes de même âge, car elles étaient toutes travaillées de frais.

ayant besoin d'une énorme provision d'air pour leur respiration seront facilement asphyxiés ; les animaux
inférieurs n'ont besoin, au contraire, que d'une quantité d'air infinitésimale : ainsi l'air, contenu dans l'eau
de mer, suffit à la respiration des poissons et les tem-
pêtes, si redoutées des navigateurs, ne sont que le
procédé le plus saisissant employé par la nature pour en
renouveler la provision nécessaire à la gent aquatique ;
plusieurs insectes, sont même, aériens ou aquatiques selon la période de leurs transformations. Le phylloxera
paraît résister, assez facilement, de 4 à 8 jours au milieu
du liquide et M. Faucon, le célèbre inventeur de la submersion, en établit clairement les règles :

Règles de la submersion. — Il faut que le terrain soit
imperméable, c'est-à-dire, presque étanche de manière
à ce que l'on puisse maintenir, ramener le niveau d'eau
de chaque carré en y faisant arriver, tous les trois à
quatre jours, une très petite quantité de liquide nouveau.

Si l'eau se renouvelle à la surface en passant successivement d'un carré à l'autre ou à travers le sol perméa-
ble, elle pourra apporter, au phylloxera, les éléments
respiratoires nécessaires à l'entretien de son existence.

La submersion, pour être efficace, doit durer 40 jours,
car l'expérience a démontré que l'on a retrouvé des insectes vivants en la suspendant avant ce terme.

Elle doit être complète, parce que, si le phylloxera
trouvait un abri dans les parties non submergées il
pourrait survivre.

Il faut, enfin, qu'elle soit renouvelée pendant 3 jours,
en juin, pour tuer ce qui pourrait avoir échappé à la
submersion d'hiver ou les légions nouvelles envoyées
par les vignobles voisins.

On voit, par cet exposé, que l'homme peut bien réunir,

par un acte de sa volonté, ces différentes conditions, mais on voit encore mieux que la nature, toute seule, est impuissante, presque, à les reproduire.

En définitive, l'espoir fondé sur la pluie est aussi vain que l'espoir fondé sur le froid et l'homme se trouve toujours en face de l'Éternel :

Aide-toi ! le ciel t'aidera !!!

Puisqu'il est, maintenant, démontré que les intempéries de l'année n'ont pu améliorer le sort de notre viticulture, nous devons nous demander si elles n'ont pas contribué à aggraver son état déjà si précaire.

Effet des vents. — Comme nous l'avons dit plus haut des vents impétueux, aussi fréquents que violents, ont causé de véritables désastres ; des greffes ont été arrachées du pied ; des vignes franches ont été ébranchées et, en beaucoup d'endroits, les sarments qui restaient ont été dépouillés de leurs feuilles ; puis, la belle saison passée, sont arrivés les météores hivernaux : La pluie est tombée avec une abondance et une continuité désespérantes ; les terres inondées, détrempées, ravinées, étaient inabordables et par conséquent la taille impossible ; enfin, au moment ou nôtre climat du Midi exigeait les plantations précoces, la neige a, pendant longtemps, recouvert le sol, emprisonnant les travailleurs dans leurs demeures, ébranchant, abattant totalement les arbres qui n'avaient jusque là jamais souffert de pareils frimats, tels qu'oliviers, châtaigniers, chênes-liège et les pins eux-mêmes et elle ne disparaissait que pour faire place à de nouvelles pluies, à de nouvelles gelées.

Les travaux d'hiver. — En conséquence, les travaux des champs, opérés à bâtons rompus, soit au milieu de la boue, soit au milieu des plus fortes gelées, ont été très mal exécutés, ont traîné en longueur, de telle sorte que, la plantation et le greffage ont été accomplis assez tôt, seulement, pour recevoir l'influence, si désastreuse cette année surtout, des gelées printanières et au moment même où nous écrivons, 11 mai 1879, nous pouvons, sans exagération, nous demander si nous ne sommes pas sous l'influence d'un regain d'hiver.

LA NOCÈRA DE CATANE ET LA CARIGNANE.

Mais la viticulture n'a pas eu, seulement, à lutter contre les influences climatériques néfastes pendant l'année qui vient de s'écouler ! l'homme lui-même est venu, par de honteuses spéculations, enrayer, pour quelques années à coup sûr, la reconstitution de nos vignobles dans nos contrées. Je ne veux, certes, pas faire de personnalité, mon seul but est de mettre en garde ceux qui attendent vainement la lumière de la part des sociétés agricoles qui, sans se taire, parlent trop timidement.

Au *Nocèra de Catane*, récemment importé sous le nom de Sicilien, est venue, cette année, se joindre la *Carignane*.

Cette nouveauté a été d'autant plus dangereuse qu'elle nous arrivait sous les auspices de gens considérés comme très-honorables jusques à ce jour.

Ces plants sont précoces à porter, disaient les propagateurs; ils ne résistent que 3 ans au phylloxera mais ces 3 années d'existence leur suffisent pour dédommager largement le propriétaire de tous ses frais.

Ces assertions étaient un mensonge. L'expérience démontre que si la *Carignane* ne résiste pas moins, elle ne résiste pas plus qu'une autre, et que certains cépages anciens produisent aussitôt et autant qu'elle; mais elle n'a jamais prouvé, et je mets ces Messieurs au défi de le faire eux-mêmes, qu'elle résiste trois ans là ou d'autres succombent avant ce terme·

Ces Messieurs allèguent, il est vrai, qu'ils sont étrangers à cette manœuvre ; mais ils en ont profité, ils n'ont pas protesté et je répéterai : *is reus est, cui prodest crimen.* Je ne m'appesantirai pas sur la *Nocèra de Catane* dont un journal de Paris s'est fait le honteux champion; le temps n'est pas loin où nos naïfs cultivateurs, détrompés à leurs frais et dépends, apprécieront, comme ils le méritent, des spéculateurs sans vergogne.

INSECTICIDES.

Nous allons, enfin, passer à un autre ordre d'idées et étudier les résultats acquis par l'homme lui-même dans la lutte acharnée qu'il soutient, depuis plusieurs années déjà, contre l'insecte meurtrier.

Dans cette œuvre l'homme a pris deux voies opposées: la guerre directe, au phylloxera, par les insecticides : la guerre indirecte par la substitution aux variétés de vignes dérivées de la *Vinifera* (dont, cela est bien prouvé aujourd'hui, aucune ne résiste aux piqures de l'insecte), de variétés de vignes américaines qui, bien qu'attaquées, prospèrent malgré leurs blessures.

En d'autres termes : *les uns visent à la conservation de nos vieux vignobles à l'aide de la destruction totale de l'insecte ou cherchent des insecticides ;*

Les autres ont pour but de substituer à nos vignes indigènes, qu'ils ont toutes vu détruire par le phylloxera, les variétés américaines qui vivent avec lui et malgré lui, c'est-à-dire, qui lui résistent : ceux-là cherchent les vignes résistantes.

Nous allons donc, parler successivement : des insecticides, puis des variétés dites résistantes.

LES INSECTICIDES.

Physiologiquement, la destruction totale, complète d'une espèce quelconque est une utopie. L'homme n'a pas plus le pouvoir d'en créer que d'en détruire et si, pour la création des espèces disparues, nous sommes contraints de remonter jusques à l'être primordial, jusques à Dieu, nous regardons comme seules causes de destruction totale les grandes révolutions géologiques qui sont sous la main de Dieu. Il ne faut, donc, pas s'étonner du nombre prodigieux d'insecticides inventés par l'ignorance et la cupidité! L'habile, le patient, le persévérant M. H^{ri} Marès pourrait, seul, nous en dire la quantité et l'absurdité. Aussi, en ce moment même, ne nous retrouvons-nous plus qu'en face de deux insecticides sérieux, scientifiques : le sulfure de carbone, les sulfocarbonates. Eh bien, prenons le taureau par les cornes, eux, aussi, se dérobent, disparaissent autour de nous.

Le cas de M. Meûnier. — Ou trouver plus de chances réunies que dans le vaste et fertile clos de M. Meûnier, l'un de nos collègues au Pradet? Ou trouver un cultivateur plus intelligent, plus minutieux? Ou trouver un expérimentateur plus persévérant, plus large que lui et cependant, Messieurs, ceux qui ont, il y a quelques années, vu ce clos, diront comme moi, en le revoyant aujourd'hui, que, malgré sa persévérance digne d'un meilleur succès, le sulfure de carbone, appliqué d'après les procédés les plus scientifiques, n'a pas retardé d'un instant sa perte et seront d'avis, comme moi aussi, que le moment n'est pas éloigné ou, comme M. Gaston Bazille, contraint par l'évidence, M. Meûnier s'écriera :

Je suis vaincu sur toute la ligne!!!

nous pouvons, par conséquent, dire que nous avons vu, cette année, disparaître le dernier essai du dernier insecticide dans nos contrées.

LES VIGNES RÉSISTANTES.

Maintenant, nous devons, pour nous entendre, bien préciser ce que signifie le mot résistance.

Qu'est-ce que la résistance ? — Les savants appellent résistance la propriété, que possèdent certaines vignes, de vivre et de prospérer avec et surtout malgré le phylloxera.

C'est M. Laliman de Bordeaux qui a eu le mérite de signaler, chez lui, le premier fait connu de résistance de certaines variétés américaines ; ce fait n'a pas été, tout d'abord, facilement ni généralement accepté ; mais un deuxième cas éclatant, issu presque de la même source, s'étant manifesté à Roquemaure près d'Avignon, chez Mme ve Borty, puis, d'autres faits plus nombreux mais plus récents, étant venus étayer ceux-ci, la résistance fut généralement admise.

Cependant, certaines variétés, décidément résistantes dans une localité, ayant été transportées ailleurs et ayant succombé, on fut obligé, pour ne pas faire brèche au principe de la résistance absolue, d'admettre que ces variétés avaient péri par défaut d'accomodation au sol, au climat, etc.

Nous ne sommes pas assez savants pour rechercher la cause première de la résistance et nous admirons volontiers les études dirigées dans ce but mais cette admiration ne va, cependant, pas assez loin pour que nous adoptions, dans la pratique journalière, des vues de l'esprit qui reçoivent tous les jours des démentis et qui n'apportent pas la moindre pierre à l'édifice nouveau.

Pour le praticien, et je me place exclusivement à ce point de vue : *sera réputée résistante toute variété qui prospèrera dans le plus grand nombre de climats et de sols différents, qu'elle soit ou non attaquée par le phylloxera et sera réputée non résistante toute variété qui ne partagera pas ces attributs, quelles que soient d'ailleurs les causes de sa destruction.*

Ces termes bien définis, nous pouvons sans crainte de confusion, commencer nos études.

Les Rotundifolia, *le Scuppernong*. — L'un des premiers introduits, et celui-là comme complètement indemne, le *Scuppernong* n'a pu dépasser la période des premiers essais et les rares débris que l'on en peut encore trouver vivotent, à peine, dans de rares sols analogues quoique sous des climats différents.

Le Scuppernong était la vigne géante, destinée à recouvrir de son puissant feuillage près d'un tiers d'hectare ; à remplir, seule, de son abondante récolte, des foudres immenses le spécimen le plus connu et qu'a visité, je crois, le savant professeur Planchon vit, encore, dans l'île de Roanooke et fut, presque, contemporain de la découverte de l'Amérique.

Les Labrusca, *le Concord*. — A cette variété, sitôt abandonnée, allait succéder une vigne plus modeste mais plus utile : la vigne *For the Million*, comme disent les américains, ce qui, en français, signifie : *la vigne du peuple.* (Vous le voyez, Messieurs, les américains ont toujours une épithète voyante, chatoyante, vrai miroir à allouettes destiné à piper les badauds), le *Concord*, puisqu'il faut le nommer, avait une foule d'autres qualités bien plus appréciables encore.

Il était en grande faveur aux États-Unis ou, depuis 8 à 10 ans, il constituait les 9/10 des plantations nouvelles. Sa rusticité était à toute épreuve ; vigne de marché comme vigne de cave, il donnait d'énormes récoltes ; sa grappe, quoique exagérée dans la figure de la traduction du catalogue de Bush, n'en demeurait pas moins splendide ; mais son goût, que les américains appellent *foxy* ou *renardé* et que nous traduisons par sauvage, n'était guères fait pour flatter nos palais civilisés ; enfin, elle pouvait produire, par quelques procédés particuliers, indifféremment des vins blancs ou **rouges au gré des** amateurs d'outre-mer.

N'y a-t-il pas, Messieurs, quelque chose de surprenant dans ce fait que, le phylloxera étant indigène des États-Unis d'où il nous a été apporté, le *Concord* ait été imprudemment et pendant plusieurs années planté là communément, alors qu'un an, deux ans à peine ont suffi pour faire constater en France sa sensibilité à l'insecte et déterminer son juste abandon !!! (1)

La mission de M. Planchon. — Jusques à ce moment, nous pouvons le dire, nous n'avons commis que des écoles ; les essais que nous avons tentés n'ont guères fait varier, dans notre comptabilité agricole, la colonne des profits et des pertes ; nous allons maintenant assister à de vrais désastres.

Le phylloxera continuait ses ravages en proportions géométriques. Dépouillées de leurs vignobles nos plaines, nos côteaux du Midi se transformaient en solitude ; le recouvrement de l'impôt devenait impossible au milieu de la ruine générale. Les imprécations sorties des

(1) M. Meisneer a remarqué que le phylloxéra est infiniment plus meurtrier en France qu'en Amérique.

villages presque déserts, les gémissements qui partaient des campagnes abandonnées, les réclamations, toujours plus énergiques, des sociétés agricoles, mais, surtout et principalement, la diminution du rendement de l'impôt sur les boissons, finirent par émouvoir le gouvernement.

La mission du savant professeur Planchon fut organisée de compte à demi avec la société centrale d'agriculture de l'Hérault et, disons-le tout de suite, malgré les ressources largement mises à la disposition du délégué, malgré son intelligence, sa science et son activité personnelle, cette mission ne pouvait avoir que des résultats très-bornés. Nous nous plaisons à l'affirmer : le choix du gouvernement guidé par la société ne pouvait être plus heureux; mais on avait trop parcimonieusement mesuré, au savant, deux éléments vitaux en agriculture : le temps et l'argent.

Trois mois, consacrés à cette mission, c'était assez, peut être, pour une étude scientifique de la contrée; c'était assez, sans doute, pour reconnaître la nature, l'identité du phylloxera; mais, vous n'avez qu'à jeter un coup d'œil sur le programme complexe qui lui était imposé pour reconnaître que, malgré toutes ses brillantes qualités, M. Planchon ne pouvait humainement le remplir, l'élément indispensable, dans les choses agricoles, le temps, c'est-à-dire l'expérience, lui ayant été mesquinement octroyé.

Aussi son rapport, si complet sous le point de vue scientifique, dont personne n'était plus maître que lui, pèche au point de vue pratique seul utile pourtant au vigneron.

M. Planchon constate les faits qu'il n'a vus qu'en passant aux États-Unis et qu'il n'a même vus qu'en nombre trop restreint pour pouvoir en tirer des données générales et certaines. Ce n'est pas, en effet, en parcourant, en quelques mois, en train rapide, une contrée aussi vaste que l'Europe qu'il pouvait l'étudier sérieusement et ses idées les plus sages, les mieux déduites, n'auraient dû avoir que la grande, l'incontestable autorité que leur prêtent son nom et son autorité personnelle, justement diminuée des circonstances défavorables dans lesquelles il avait été placé. Malheureusement, on a voulu appliquer à la France, à notre Midi surtout, qui le premier frappé attendait un sauveur, les faits recueillis, constatés qui ne s'appliquaient qu'à certaines parties des États-Unis et comme (témoin M. Meissneer) malgré la plus stricte similitude de temps et de lieux, les faits ne se passent pas ici de même qu'en Amérique, il est juste de dire que c'est de la mission de M. Planchon que datent nos désastres dans l'essai de la reconstitution de nos vignobles.

Ces considérations nous amènent tout naturellement à l'introduction du *Clinton* en France.

Les Riparia, *le Clinton*. — M. Planchon avait pu constater sa vigueur, sa rusticité, dans plusieurs localités des États-Unis et il nous parvint en France décoré de ce titre brillant :

« *La meilleure vigne connue pour les terrains pauvres.* »

Mais, ce n'était pas là sa seule recommandation, car Bush, dans son catalogue, le qualifie ainsi : *Cépage vigoureux, rustique et productif; sain. Racines minces et raides, mais très tenaces, avec un liber dur, uni, formant rapidement de nouvelles radicelles qui, quoique très envahies par le phylloxera, n'éprouvent que peu d'effet de l'insecte.*

Le fait de Seriech. — *Le Clinton* a excité, d'abord, un enthousiasme incroyable, inouï; des départements

entiers en ont été inondés ! A qui remonte la responsabi-
lité des catastrophes qui ont suivi la débacle? Aux pépiniéristes qui l'ont trop exalté? Non ! Ce sont des vendeurs
ils font leur métier ! Mais quelle modération eut subi
l'enthousiasme ! Quels désastres eussent été évités ! si
l'on eut, en temps opportum, publié l'histoire de ces sept
pieds malingres de *Clinton* du mas de Soriech !!! et si
l'on eut, immédiatement, fait connaître la suite de leur
histoire.

Cependant les savants étaient rivés à la résistance du
Clinton, les uns , parce que ce cépage, couvert de tous
les phylloxeras connus, était le spécimen le plus con-
vainquant de la résistance; les autres, parce qu'ayant
déclaré que la résistance étant un attribut de l'espèce et
la loi ne pouvant varier le *Cordifolia (espèce)* étant in-
contestablement résistant le *Clinton* sa variété ne pouvait être que résistante aussi. La pratique, néanmoins,
donnait tous les jours des démentis plus nombreux et
plus sanglants à toutes ces vaines théories mais, ces
savants, qui vous aurait ri au nez si vous leur aviez
parlé de l'infaillibilité du pape, admettaient beaucoup
plus volontiers leur propre infaillibilité :

Le Clinton était résistant parce qu'ils l'avaient dit; s'il
succombait, ce n'était pas sous la piqure du phylloxera,
mais par non accommodation au sol et au climat :
Soustrayez, disaient-ils , le plant aux influences exté-
rieures et il reprendra une nouvelle vigueur et, oubliant
les premières notions physiologiques, ils donnaient, pour
exemple, les greffes nouvellement opérées avec greffons
du pays sur *Clinton* (entr'autres le fait Pagézy) (1) ce

_____

(1) *Le fait de M. Pagéry.* — J'ai, en septembre passé, pendant le congrès de
Montpellier, étudié, avec soin, le fait de M. Pagéry au Viviers. C'était la 2ᵉ fois

qui n'empêchait nullement, que, l'équilibre rétabli entre les deux parties, le tout ne continuât à décliner et à disparaître !!!

D'autres, moins absolus, ont reconnu leur erreur et en ont loyalement recherché la cause qu'ils ont cru trouver dans une hybridation accidentelle entre une espèce résistante et une autre non résistante. Quelle que soit la valeur de cette nouvelle théorie, respectons là en faveur de la loyauté qui la fit naître ; mais n'oublions pas que le viticulteur ne peut admettre qu'une résistance, générale, absolue, telle, en un mot, que celle de notre vieille vigne avant le phylloxera.

Les faits malheureux se sont tellement multipliés depuis, qu'avant, même, que M. Planchon ne fut venu constater l'action foudroyante du phylloxera sur les deux Clintons en treille de M. Pellicot, le vénérable président de notre comice, les vendeurs avaient préparé un autre appas : *le Taylors,* aux convoitises des acheteurs et ils avaient profité pour cela d'une évolution amenée par la culture du *Clinton.*

Celui-ci produisait un raisin à goût aussi désagréable pour la table que pour le vin. Il était évident, qu'avec une pareille saveur, il ne serait jamais entré dans la

---

que je voyais ces 1,800 Clintons greffés en Aramon. Pour mon ami le docteur Despétis et moi le fait était triste en lui-même car on retrouvait, là, les conditions prémonitoires de la destruction de nos vignes du pays : la vigueur des ceps était d'une inégalité choquante, les uns non atteints présentant quelques grappes, à peine, avec d'énormes sarments; les autres, devenus subitement bourre-serrat, portant une énorme quantité de grappes telles qu'on a l'habitude de les voir sur les pieds mourants : *Grappes très inégales entr'elles ; grains d'inégale grosseur, d'inégale maturité.* Pour mon ami et pour moi ces grappes millerandées étaient le signe le plus certain de la décrépitude phylloxerique et, je ne crains pas de dire à M. Gaillard, qui ne partage pas mon opinion : Au revoir à l'an prochain !!!

consommation générale du vieux monde ; cet inconvénient devait le faire abandonner, tôt ou tard, d'autant plus
facilement, qu'en même temps que le *Clinton*, l'esti-
mable M. Laliman avait propagé en France des variétés
de l'espèce des *Æstivalis* produisant des raisins francs
de goût, des récoltes plus abondantes et dont la résistance, sanctionnée par le temps, s'était affirmée, depuis,
par leur réussite dans les sols et sous les climats les
plus opposés du pays. On a déjà compris que je veux
parler du *Jacquez* surtout.

Les qualités que M. Laliman lui attribuait furent, sur
le champ, reconnues vraies ; on planta, on greffa, on
multiplia de toute manière, on vola, même, tout ce que
purent fournir et la Tourate et Roquemaure. Les pépiniéristes les plus avantureux envoyèrent aux États-Unis
des émissaires grassement rétribués, mieux rétribués
même, que nôtre savant délégué, mais leurs recherches
furent vaines.

Ils rapportèrent bien le *Cunningham*, le *Rulander*, le
Cynthiana, le *Norton's Virginia*, tous *Æstivalis*, il est
vrai, mais tous, sous tous les rapports, inférieurs au
Jacquez ; et, chose bien plus étonnante encore, ce dernier y était inconnu, même, du grand pépiniériste qui
l'avait expédié à M. Laliman. Pendant qu'on le cherchait,
ainsi, vainement, sous un climat qui l'y avait tué et sous
un nom qui n'était pas le sien, ses qualités continuaient
à être tous les jours plus connues et plus appréciées en
France et le prix de ses boutures à devenir plus exorbi-
tant. Les pépiniéristes ne pouvant ni suffire à la demande
en Europe, ni trouver son gisement aux États-Unis,
essayèrent, tout en continant leurs recherches intéres-
sées en Amérique et leurs multiplications intéressantes

dans leurs pépinières, d'enrayer momentanément cet enthousiasme. Ils alléguaient des faits qui, vrais absolument, n'en devenaient que plus faux, par la manière dont ils les présentaient :

Les boutures, disaient-ils, étaient à un prix inabordable (de 3 à 7 fr.) mais, ils se gardaient bien d'ajouter qu'une seule bouture, permettant d'opérer la greffe sur 3 pieds non malades au moins et chaque pied vigoureux produisant au moins 30 brindilles bonnes à planter, la bouture unique, qui avait primitivement coûté 3 fr., fournissait, après un an de greffe, une centaine de pieds bons à mettre en place ; que la bouture racinée, qui avait coûté 7 fr., plantée en terre bien défoncée, bien fumée, produisait, la même année, 30 à 40 brindilles bonnes à planter, ce qui, l'an d'après, mettait l'acquéreur en face d'un stock de 100 greffons au moins, chacun ne revenant pas à plus de 5 centimes tout compris, et permettant, si l'on ne voulait pas planter, d'opérer avec le sarment primitif 300 greffes au moins et avec le plant raciné primitif, à la fin de la 1re année, environ 150. J'ai donc raison de dire que la cherté n'était que relative.

Le *Jacquez*, disaient-ils encore, reprend difficilement de boutures ; je ne nierai pas que le *Jacquez* ne soit, à la reprise, un peu plus difficile que notre ancienne vigne ; mais, en prenant les précautions que l'on prenait pour cette dernière : planter tôt et profondément, pour les côteaux secs ; tard et superficiellement, pour les terrains froids et humides et, enfin, d'érafler quelques lanières d'écorce du dernier mérithalle, la différence est très peu sensible.

Le *Jacquez*, disait-on aussi, est presque stérile ! Que les habitants du Languedoc trouvent le *Jacquez* peu fertile quand ils comparent sa récolte à celle de leur luxuriant *Aramon*, je le comprends! Mais j'ai deux réponses à leur faire : d'abord l'*Aramon*, que nous appelons l'*uni noir*, est loin d'être aussi fertile chez nous; puis si le *Jacquez*, donne moins abondamment là ou trône l'*Aramon*, il y donne un excellent vin. Peut-on en dire autant de l'*Aramon?*

Je puis affirmer que j'ai vu le *Jacquez* produire 5 à 6 kilos de raisins à la 4me année; j'ai vu 8 à 10 kilos de raisins sur des pieds à leur 12me année chez Madame veuve Borty, enfin j'ai, en compagnie de M. Douysset, sur un des deux *Jacquez* plantés depuis 3 ans dans cette terre si connue par sa stérilité, à côté même des fameux *Yorck's Madeïra* de M. Aguillon, cueilli 10 grappes pesant en moyenne 230 grammes. Pour moi, Messieurs, je le déclare hautement, je me contente d'un pareil produit!!!

Mais on est allé plus loin encore! on a reproché au vin de *Jacquez* ses qualités même. On a dit qu'il contenait trop d'alcool, trop de tannin, trop de matière colorante; enfin qu'il était plat. C'est-à-dire qu'on a changé en défaut tous ses avantages, car il est facile do dédoubler ce vin pour ce qu'il a de trop et les négociants ne seront jamais embarassés pour lui donner le bouquet qui lui manque.

Voilà pourquoi le *Jacquez* n'a été proclamé qu'un simple vin de coupage; de plus, comme, pour l'employer dans ce but, il fallait avoir do vin à couper, on a proposé, nos vignes indigènes succombant toutes, de les conserver en les greffant sur pieds résistants et le *Clinton*, étant seul debout en ce moment, fut proclamé le porte-greffe par excellence.

Pourtant, on s'aperçut, bientôt, qu'après quelques années de végétation brillante, il faiblissait pour disparaître en plusieurs endroits; mais il y avait, déjà, tant d'individus, soit importateurs, soit producteurs indigènes, intéressés à le soutenir que leurs clameurs couvrirent la voix de ceux qui constataient ces faits, ce qui n'empêcha nullement les pépiniéristes, bien avisés, de chercher un successeur à cette variété qui s'en allait. Désormais, les deux voies étaient tracées; le *Jacquez* s'était fait sa place au soleil; il laissait bien loin derrière lui ses rivaux les producteurs directs; il ne restait qu'une autre voie libre sur laquelle expirait le *Clinton* celle des porte-greffes.

Le Taylor's. — C'est à ce moment propice que fut produit le *Taylor's*. Cette variété avait, avec le *Clinton*, plus d'un lien de parenté qui aurait dû la faire rejeter tout d'abord. C'était un *Riparia* comme son prédécesseur, elle reprenait de boutures plus facilement, encore, que celle-ci; elle acceptait la greffe au moins aussi volontiers que lui; elle n'était pas stérile absolument mais le vin blanc qu'elle fournissait était en si petite quantité et si foxé qu'on ne put jamais présenter cette variété autrement que comme porte-greffe; d'ailleurs, greffée sur des pieds peu malades encore ou plantée directement dans les meilleurs fonds pour hâter sa multiplication, sa vigueur n'a trouvé, plus tard, de rivaux que dans le *Solonis* et les *Riparia* sauvages.

Pour ce qui regarde sa résistance au phylloxera, Bush disait : *Ses jeunes radicelles poussent aussi rapidement que le phylloxera peut les détruire; cette variété doit à cela de posséder une grande force de résistance à l'insecte;* comme il avait déjà dit du *Concord : L'un des plus résistants de la classe des* Labrusca, *émettant promptement de nouvelles radicelles sous les attaques du phylloxera ;* comme il avait dit aussi, plus tard, à propos du *Clinton : il jouit d'une immunité remarquable à l'endroit des piqûres du redoutable insecte.*

Mais l'expérience avait, déjà, démenti ces deux dernières assertions du fameux pépiniériste Américain ; elle avait démontré que certaines variétés américaines, indemnes dans leur pays natal, succombaient en France; enfin le savant professeur Millardet, de Bordeaux, avait mis en garde contre l'engouement qu'excitait le *Taylor's* en disant que c'était là non un *Riparia* pur mais un hybride dont il fallait se méfier. Notre vénérable président, M. A. Pellicot, dont les opinions ne manquent pas de poids dans les choses agricoles, ne cessait de nous répéter que le *Taylor's* lui était suspect à cause de sa parenté avec le *Clinton.*

Cependant quand, en septembre dernier, M. Planchon vint constater la mort de *Clintons* foudroyés par le phylloxera, chez M. Pellicot, si la non résistance de ces derniers était, depuis longtemps déjà, admise parmi nos sociétaires, plusieurs d'entre nous se refusaient à condamner aussi le *Taylor's.*

Pendant que surgissait celui-ci, supprimant tous ses rivaux, les émissaires de nos grands pépiniéristes découvraient, enfin, la patrie du *Jacquez* au Texas où il était connu sous le nom de *Black-Spanish.*

Il semblait, dès lors, que le prix des boutures devait tomber immédiatement ! Il n'en fut rien : un long et pénible voyage à travers le continent Américain, une traversée, moins longue peut-être mais aussi onéreuse, du nouveau monde chez nous, ne nous permirent, malgré l'emballage le plus soigné, de recevoir ces boutures que fortement avariées; la reprise en fut si dérisoire que, malgré la réduction du prix, les pépiniéristes ne peuvent en vendre, aujourd'hui, qu'aux nouveaux venus de la viticulture, les personnes, qui ont quelque expérience, préférant payer à un prix beaucoup plus haut des boutures indigènes dont la reprise est assurée, et l'on peut dire, avec raison, que si le prix de la bouture du *Jacquez* est tombé aujourd'hui, on le doit, non à l'importation, mais à la production indigène.

Voisin du *Jacquez*, par son lieu d'origine, *le Taylor's* exotique, soumis aux mêmes causes, ne subissait pas les mêmes inconvénients et les boutures d'outre-mer purent lutter, sans trop de désavantage, avec les boutures indigènes, ce qui fit tomber leur prix très rapidement, de telle sorte que, la facilité de reprise, mais plus encore le bon marché, leur permit de lutter très avantageusement avec les *Æstivalis* et surtout avec le *Jacquez* qui maintenait le sien d'autant plus élevé que ses mérites s'affirmaient, chaque jour, davantage.

Deux courants parallèles et rivaux s'établirent, ainsi, d'une manière tranchée : d'un côté le *Jacquez*, le premier des producteurs directs : de l'autre le *Taylor's*, le meilleur des porte-greffes.

Mais l'époque critique pour toutes les variétés américaines allait luire pour le *Taylor's* comme pour ses devanciers tombés dans l'oubli ; tandis que le *Jacquez* s'affirmait à sa seizième année, nous trouvions, autour de nous, le *Taylor's* mourant à sa troisième ou à sa quatrième feuille. Le fait de M. de Fabry, propriétaire aux Pourraques, près Brignoles (Var) vint, ajouté à une foule d'autres faits moins grandioses, porter au *Taylor's* le coup mortel. En voici l'abrégé :

Les Pourraques. — Toutes les vignes du vaste domaine de M. de Fabry étaient mortes ou mourantes et, cependant, les journaux fourmillaient d'annonces d'insecticides qui, toujours plus nouveaux et plus puissants, n'arrêtaient pas une seconde les ravages du terrible Aphidien, à tel point que, de déceptions en déceptions, l'intelligent propriétaire devint incrédule à leur égard ; mais, homme d'énergie et d'initiative avant tout, il ne se croisa pas les bras.

La réclame battait, partout, la grosse caisse pour la reconstitution de nos vignobles à l'aide des vignes américaines résistantes. Depuis quelques années, pourtant, l'insuccès des premiers cépages essayés avait un peu refroidi l'enthousiasme et les porte-greffe commençaient à prendre rang. Les *Æstivalis*, toujours très rares, étaient, aussi, toujours très chers !

M. de Fabry ne voulut pas être exclusif ; son premier essai fut aussi complet que possible et conforme aux idées du jour : 20,000 *Taylor's*, 10,000 *Concords*, avec quelques autres variétés secondaires, 10,000 *Riparia*, quelques milliers d'*Æstivalis*, vinrent dans ses plaines et sur ses côteaux remplacer, immédiatement, les vignes du pays mortes du phylloxera.

Certes, ces plaines de terre forte, ces côteaux secs et pierreux, là de calcaire marin, ici de sable siliceux, là de de grès décomposé, n'étaient pas des jardins potagers ; mais dans ces mêmes terres dominait naguère, régnait en maître notre vieille et noble vigne ne donnant pas des vins abondants comme le fait la Camargue, mais savoureux et parfumés comme les truffes que produisent les chênes verts qui leur servent de ceinture.

Cette expérience devait être décisive et par le nombre et par l'agencement des variétés; ici dominait le *Taylor's*, là le *Concord ;* ici d'autres *Labrusca ;* ailleurs les *Riparia ;* puis, en renouvelant toutes les années les pieds manqués ou morts, le mélange s'était fait, comme à dessein et comme contr'épreuve ; de sorte que tous les faits observés étaient aussi concluants qu'instructifs.

M. de Fabry a eu la persévérance de continuer ses expériences pendant 4 ans pour les rendre complètes.

Il paraît, donc, actuellement bien établi que, sur nos coteaux ou prospère le chêne vert, le *Taylor's* vit si peu que les pieds les plus vigoureux ne peuvent pas offrir un seul sarment de 50 centimètres de longueur à côté de *Concords* qui, sans être beaux, ont, sur certains pieds, pu recevoir la greffe et du *Riparia* relativement splendide.

Que sont, pendant ce temps, devenus les *Æstivalis ?* Je ne trouve, là, que quelques pieds malades greffés en *Norton's Virginia* et en *Cynthiana* et les greffons ont suivi le sort du porte-greffe après avoir produit un vin réellement excellent. Le propriétaire a voulu en planter des boutures franches mais l'insuccès le plus complet l'a découragé ; plus heureux pour le *Jacquez*, dont il a compris l'excellence, il commence à le multiplier.

Riparia — Nous arrivons, maintenant, au *Riparia.* Vous savez, Messieurs, que, malgré les noms aussi pompeux qu'insignifiants dont on n'a pas été avare à leur égard, l'introduction des *Riparia*, c'est-à-dire des vignes sauvages du Missouri, est due à MM. Bush et Meissneer propriétaires des pépinières de Bushberg, Jefferson County, Missouri.

Ces, Messieurs, voyant que l'engouement du vieux monde pour les porte-greffe avait fait adopter un plant presque stérile et pensant, probablement aussi, que cette variété manquerait, jugèrent, et avec raison, que l'espèce sauvage devait posséder toutes les qualités natives que la culture avait pu altérer dans la variété. Ils proposèrent l'emploi du *Riparia*, alors confondu avec le

Cordifolia, comme porte-greffes et ils en expédièrent, en Europe, à leurs correspondants MM. Blouquier et Léenhardt, une grande quantité qu'ils avaient fait cueillir dans les bois. C'est de là que viennent nos *Riparia* et M. de Fabry les reçut de M. Léenhardt en caisses scellées et non entamées.

La reprise ne fut pas heureuse, comparée surtout à celle des *Taylor's* et des *Concords*; ceux-ci, en effet, déjà vieux dans le commerce, devaient provenir de boutures cueillies dans le pays; les *Riparia,* au contraire, avaient souffert en traversant l'Amérique et l'Atlantique. Ceci nous explique l'inégalité de reprise dont se plaint le propriétaire : les paquets des 100 boutures, placés vers le centre de la caisse, ayant conservé plus d'humidité ont repris en masse ; tandis que le plus grand nombre de ceux qui touchaient les parois de la caisse, n'étant plus entourés de paquets protecteurs, se sont desséchés ou n'ont donné que de très rares reprises.

L'inégalité de végétation m'a fait, tout d'abord, supposer une inégalité dans la résistance ; supposition qui tombe devant ce fait, bien connu, que résistance et vigueur ne sont pas des choses nécessairement corrélatives. Dans ce cas particulier cette inégalité peut tenir à ce que le propriétaire a soigneusement remplacé les pieds qui avaient manqué par des pieds racinés nouveaux, de sorte que des souches de même qualité, ne sauraient, étant d'âge différent, avoir la même vigueur; elle peut, aussi, tenir à ce que les pieds, provenant de plants plus ou moins avariés, donnent assurément des sujets plus ou moins vigoureux.

C'est, en cherchant à expliquer ces faits, dont je ne connaissais pas alors tous les détails, que j'avais attribué à la sélection naturelle l'inégalité qui, réellement, ne provient que de la différence d'âge ; non point que la sélection ne puisse y avoir contribué en rien, nous croyons au contraire qu'elle agit et qu'elle agira, pour notre instruction, indépendamment de nous ; mais, parce que, cette sélection, étant une opération naturelle, n'agira que lentement et graduellement et parce que l'inégalité des pieds d'une variété, en regard des pieds d'une autre variété, peut être une qualité normale, physiologique comme cela arrive parmi les races animales.

Les porte-greffes au Texas. — D'ailleurs, l'usage d'aller demander aux forêts vierges les vignes sauvages comme porte-greffes résistants de nos variétés Européennes qui succombent rapidement et invariablement quand on les y plante franches de pied, n'est pas nouveau au Texas et je puis montrer la traduction d'une lettre dans laquelle M. Reverchon de Dallas conseille à M. Charles Martin de Montels-Eglise près Montpellier, d'employer comme porte-greffes, à l'exemple de ce qui se pratique pour la création des jardins chez lui, des pieds de *Post-oack's* et de *Frost-grappe* cueillis dans les bois. Malheureusement, cette lettre n'a que deux ans de date et je ne puis dire si les boutures de ces variétés, qui, arrivées, très tard, l'an passé n'ont produit que quelques chétives feuilles, sont réellement les espèces annoncées ; mais, à en juger en ce moment par le bourgeonnement, les unes appartiennent réellement au *Post-oack's* ou au *Musthang*, les autres aux *Riparia*.

Quoiqu'il en soit, mes études sur les *Riparia* ayant été reproduites par le journal : *La Vigne Américaine,* pour la partie qui croit sous mes yeux et par le 1er bulletin trimestriel de notre comice, de cette année, pour le cas de Fabry, je n'entrerai pas dans les détails que chacun

peut étudier dans nos archives, je me bornerai aux gé-
néralités,

Le *Riparia* n'est pas indemne, tant s'en faut, mais il a
l'air, comme le *Jacquez*, de se soucier peu des piqûres de
l'animal qui a des préférences pour certaines variétés
cependant.

Son aptitude à la reprise diffère, aussi, selon la variété
mais elle est toujours plus ou moins facile.

Sa vigueur, quoique inégale, est toujours excessive.
Elle étonne, même à côté du *Taylor's* et du *Solonis* si
merveilleusement vigoureux pourtant.

Sa rusticité est incomparable : là où le *Taylor's* meurt,
là où le *Solonis* jaunit; sur les maigres côteaux de M. de
Fabry, comme dans les terres fertiles et humides, le
Riparia n'a pas de rival ! Et, comme j'ai posé en principe que, pour le praticien, la résistance c'est la durée, il
ne le cède pas même au *Jacquez* sous ce rapport. Mon
honorable ami M. Pulliat, le célèbre ampélographe de
Chiroubles, m'écrit qu'il existe depuis 17 ans environ,
tout en conservant une stupéfiante vigueur, chez le baron
Périer : on peut le voir, quoique âgé de 10 ans, plein de
force à la porte des bureaux de la préfecture du Var, au
milieu d'un fouillis de végétaux âgés qui disputent à sa
tête l'air et la lumière et un sol étroit à ses racines.

Le *Riparia*, nanti de toutes ces qualités, a été accepté
avec un empressement tel que nous avons pu craindre,
un moment, que le mouvement irréfléchi qui porte le cultivateur vers toute espèce nouvelle, n'infligeat, à propos
de lui, les échecs regrettables que le *Clinton* et le *Taylor's*
avaient infligés à la viticulture nouvelle et jetant de côté
toute fausse modestie, nous croyant coupable d'avoir,
pour notre faible part, contribué à ce mouvement, nous
écrivîmes, pour modérer cet enthousiasme, sur le cas de

M. de Fabry, notre dernier article qui évidemment se ressent de nos préoccupations.

Le *Taylor's* ne s'est, cependant pas, rendu sans combat; de tous côtés se sont produites, en sa faveur, d'énergiques revendications et cela se comprend facilement : il y avait un stock de boutures dont il fallait encore se débarrasser ! Une voix isolée eut été, comme cela a eu lieu réellement, perdue dans la foule; mais il y avait un organe puissant dont toutes les clameurs du monde n'auraient pu diminuer la portée, c'était le congrès.

Le congrès. — Le congrès viticole de septembre 1878 à Montpellier a-t-il été fidèle à sa mission? C'est une question que je me suis déjà posée et on sait avec quelle franchise je l'ai résolue.

Ce que le congrès, si brillant sous le rapport scientifique, n'a pas fait; ce que ce congrès, si pauvre sous le rapport pratique, eut dû faire; l'opinion publique l'a fait à sa place : le *Taylor's* a été abandonné avec le même entrain qu'il avait été accueilli et c'est à peine si quelques pépiniéristes arriérés, pour ne pas dire autre chose, osent offrir au public des variétés françaises greffées sur *Clinton* ou *Taylor's* tant est généralement adopté, en ce moment, le *Riparia* comme porte-greffes; je vais donc en finir avec le *Riparia*.

J'ai exposé, plus haut, ses qualités mais j'ai, aussi, blâmé l'engouement qu'il excitait et cela parce que, cette variété n'étant point encore suffisamment étudiée, il y a, à ce sujet, de nombreuses questions à élucider encore.

On trouve, dans cette classe, diverses formes dont les plus tranchées sont : la forme *tomenteuse* et la forme *glabre;* la nature, ayant donné à ces formes des organes différents a, de par les lois physiologiques, voulu les adapter à des milieux différents aussi; la question de milieu est donc la première que l'on doit se poser à ce propos ou en d'autres termes : un sol et un climat étant donné qu'elle est la forme que l'on devra préférer parmi les innombrables variétés que nous connaissons déjà ?

Une 2me question, plus vitale encore que celle-ci, se pose ensuite au sujet de la greffe : qu'elle est, si toutes ces formes acceptent la greffe, celle qui l'accepte le plus volontiers ? Car le *Riparia* ne pouvant être qu'un porte-greffe deviendrait inutile s'il ne l'acceptait pas !

Il y a, aussi, une 3me question qui, quoique moins importante, mérite d'être étudiée à fond : les *Riparia* sont stériles ou féconds, c'est-à-dire que les uns, ne possédant que des organes mâles, des étamines, sans être stériles donnent des fleurs sans fruits; tandis que d'autres, pourvus d'organes parfaits, quoique produisant des fruits de nulle valeur pour l'homme, donnent des semences suffisantes pour assurer la conservation et la multiplication de l'espèce.

Qu'il y ait, ce que je ne crois pas, différence de résistance dans les deux formes; qu'il y ait différence de vigueur seulement, nous aurons toujours à vider cette question : A quelle forme faut-il donner la préférence ?

M. Meissneer, et il n'est pas le seul, affirme que la disproportion en nombre est énorme dans les bois ou les rives des États-Unis, puisqu'il faut une recherche minutieuse pour y rencontrer des pieds féconds, alors que, les pieds mâles y pullulent partout. Mais à quoi tient, donc, cette disproportion ? Ne serait-ce pas là une précaution de la providence destinée à empêcher que la vigne ne finit par envahir, tout entier, ce sol que les premiers colons qui y abordèrent avaient nommé *Vineland?* Nous n'avons, je crois, pourtant pas besoin de remonter à des causes surnaturelles car, s'il y a une différence de résistance entre la forme fertile et la forme stérile, la forme la moins résistante, c'est-à-dire dans le fait, la forme fertile devra nécessairement disparaitre en plus grand nombre que la forme stérile et la différence sera en proportion de l'inégalité de résistance. C'est là l'œuvre de la sélection naturelle ; hâtons-nous, cependant, d'ajouter que ces vues théoriques de l'esprit peuvent bien nous guider dans nos recherches ; que tout nous porte à croire qu'elles sont exactes ; mais qu'au-dessus de toutes les théories il y a quelque chose devant qui tout doit céder, c'est l'expérience.

On voit, par là, que le champ d'études est encore assez vaste, qu'une fois complétées elles devront être sanctionnées par l'expérience, autrement dit par le temps et, qu'en définitive, il est toujours sage de ne pas s'engouer inconsidérément.

Nous voilà, par ces éliminations successives, arrivés à mettre en présence le *Jacquez* et le *Riparia*, mais auparavant arrêtons nous un moment sur des variétés secondaires dont quelques-unes ont eu et ont conservé, jusqu'à ce jour, une assez grande importance.

VARIÉTÉS SECONDAIRES.

Æstivalis. — La science proclame la résistance absolue de toutes les variétés d'une même race : ainsi le *Jacquez* étant résistant au suprême degré ses voisins *Herbemont*, *Cunningham*, *Rulander*, *Cynthiana*, *Nortons Virginia*, etc., devraient être résistants au même degré. Eh bien, jamais l'expérience n'a donné un plus cruel, un plus sanglant démenti à la science !!!

Herbemont. — L'Herbemont a, jusqu'à ce jour, disputé le 1er rang au *Jacquez* ; sa vigueur est au moins égale à celle de son rival; sa fertilité semblable sinon supérieure; son vin plus léger, plus agréable, plus parfumé; sa grappe plus grosse; son jus plus doux; il contient moins de pépins et rend plus en jus.

Un jour on s'aperçut que, malgré le dire des Américains, le *sac à vin* de Downing végétait très mal dans les terres basses et humides et que, même sur les côteaux calcaires, pour lesquels il était recommandé, il était loin d'être toujours vigoureux.

On a constaté, aussi, qu'après quelques années les pampres jaunissaient presque partout, ce qui annonçait un état maladif; que son vin était trop pâle, etc., etc., tant et si bien que, tacitement, il a été cette année délaissé.

Je regrette, pour ma part, d'autant plus cet abandon que j'ai toujours admiré ce cépage vigoureux et fertile et que je suis persuadé que tous les malheurs de cette variété sont dûs au peu de coloration de son vin. Je crois même que l'étude n'en est pas terminée et je la continue bravement pour mon propre compte.

Je rappelle, à ceux qui connaissent le fait, l'ébahissement dont je fus frappé, la veille du congrès, lorsque, demandant à plusieurs viticulteurs qui devaient y prendre la parole la condamnation du *Taylor's*, l'un d'eux, et ce n'était pas le moins sérieux, me répondit : *nous abandonnons, c'est convenu, le Taylor's et l'Herbemont, nous n'en parlerons plus!* et cependant, M. Ganzin pourrait l'affirmer, je m'étais toujours méfié de l'*Herbemont*.

Cette variété, il faut bien le dire, reprend d'ailleurs beaucoup moins facilement de boutures que le *Jacquez*.

Cunningham et Rulander.— Bien loin des deux premiers sont restés le *Cunningham* et le *Rulander*. Cependant ces espèces trouvent plus facilement leur terrain que l'*Herbemont*. Elles produisent d'excellents vins de dessert mais de couleur assez désagréable. Elles sont beaucoup moins fertiles que l'*Herbemont;* ce sont donc, à côté des deux précédents, mais surtout à côté du *Jacques*, des espèces inférieures, ce qui explique leur peu de vogue.

Cynthiana, Norton's, Hermann et Néosho. — Le niveau se relève en arrivant au *Cynthiana*, au *Norton's*. Ces deux variétés, très-difficiles à distinguer autrement qu'à leur vin, disent les Américains, produisent les meilleurs vins d'outre-mer où ils constituent ce que l'on appelle les **Vins Médécines** ou Vins Médicamenteux : (comme le vin de Bagnols par exemple), et de fait ils ont été primés en diverses expositions en France. Ils sont plus foncés, encore, en couleur, que le *Jacques*, mais le léger goût d'amertume ou de café qu'ils présentent demande un peu d'habitude pour être apprécié. Malheureusement toute la série est des plus exigeantes pour le sol et ils ne donnent qu'une récolte excessivement bornée et par suite peu rémunératrice. On s'explique donc facilement non leur abandon total, ce qui serait fâcheux, mais une réserve excessive à leur égard.

PORTE-GREFFES SECONDAIRES.

Maintenant que nous avons parlé des satellites, si je puis m'exprimer ainsi, du *Jacques*, nous allons nous arrêter un instant sur les porte-greffes secondaires les plus connus.

Vitis Candicans *ou Musthang.* — Débarrassons-nous d'abord du *Musthang* et du *Post-Oacks*. Le *Musthang*, étymologiquement : moût acerbe, forme une famille particulière sous le nom caractéristique de *Vitis Candicans;* c'est une des vignes les plus ornementales qui existent; le jus de son fruit est si caustique qu'il brûle les lèvres comme le lait de figuier. On a essayé d'en faire du vin en Amérique et il paraît, même, qu'une variété à fruit blanc est comestible. Mais sa reprise de bouture est presque impossible et on ignore complètement si la résistance au phylloxera, que les Américains attribuent avec tant de largesse, lui est assurée en France. Aussi, cette variété, après avoir, pendant une saison fait fureur, a-t-elle été, sur le champ, abandonnée ou à peu près.

Vitis Lincœcumii *Post-Oacks*. — Le *Post-Oacks*, étymologiquement : bois de chêne, ressemble beaucoup au *Musthang*, mais le duvet de la face inférieure de la feuille, au lieu d'être blanc, est d'un beau roux. L'opposition des couleurs tranchées de cette variété produit le plus bel effet et c'est une vigne plus ornementale encore que la précédente. Il paraît que nous ne possédons, en France, que le mâle de ces deux variétés, cela suffit, pourtant, à ceux qui voudront essayer l'hybridation car le *Vitis Lincœcumii*, se rapprochant des *Æstivalis* au point que le docteur Engelmann en a fait une tribu de cette série, on pourrait, par l'hybridation, à l'aide de son pollen, obtenir du *Jacquez* des hybrides à gros grains, chose très désirable pour cette espèce. Quoiqu'il en soit, l'abondance des porte-greffes qui la valent a amené le silence autour de cette variété.

Riparia — *La série des Clintons*. — Nous arrêterons-nous sur le *Clinton Vialla*, le *Francklin*, *Blue-Dier*, etc.? Toute cette série nous inspire, comme le *Taylor's* à M. Pellicot, la plus vive défiance à cause de sa parenté avec le *Clinton*. Quoique nous trouvions leur vigueur incomparablement au-dessous de celle de tous les autres, nous ne voulons ni les vanter, ni les discréditer, mais nous ne les conseillerons pas.

Labrusca. — *Yorck's Madeira*. — Nous arrivons.
maintenant, à un rival sérieux, c'est l'*Yorck's Madeira,*
Cette variété, si elle appartenait aux *Labrusca*, serait la
seule espèce résistante de cette tribu ; mais alors que
deviendrait cette loi, prétendue naturelle, qui veut que,
quand le type est résistant, toute la tribu le soit infailli-
blement? On ne pouvait pas faire fléchir la règle mais
on l'a habilement tournée : l'*Yorck's Madeira,* a-t-on dit,
résiste, au plus haut degré, parce que c'est un triple hybride de *Labrusca*, de *Cordifolia* et d'*Æstivalis ;* c'est
de ces deux dernières tribus qu'il tiendrait sa résistance.
Les savants n'ont point, hélas, fini de rire avec toutes
ces variétés Américaines qui les mèneront bien loin
encore!! J'avoue qu'il ne me répugne pas plus de voir
dans l'*Yorck's* un hydride à triple origine, que de créer
une nouvelle tribu dont l'*Yorck's* serait l'un des mem-
bres ; peut être, serons-nous amenés, un autre jour, à lui
trouver plus d'un voisin !!!

En ce qui regarde la question de résistance, elle est
indubitable depuis qu'elle s'affirme, d'une manière si
absolue, par le fait de M. Aguillon ; mais, malgré le
congrès, qui a placé cette variété en première ligne
comme résistance, il ne faudrait pas trop s'y fier et pour
ma part je ne l'emploierais pas volontiers comme porte-
greffes. Est-ce par ce qu'il ne vient pas bien dans mes
bonnes comme dans mes mauvaises terres? nullement
puisque, près de chez moi, je le vois parfaitement
réussir dans les argiles ferrugineuses, maigres de mon
excellent confrère et ami, le docteur Vidal ! Mais je ne
l'ai vu nulle part d'une vigueur remarquable et, quoique
je croie que son grand développement n'a lieu qu'après
quelques années, je ne veux pas baser des espérances à
venir sur des qualités éventuelles.

Nous restons actuellement en face du plus redoutable rival de tous les porte-greffes ! J'ai nommé le *Vitis Solonis.*

Le Solonis. — Celui-ci, on peut le dire, est né coiffé !

Origine inconnue, aspect étrange, patronage des plus hauts et des plus savants, réclames énergiques et plus que tout cela, disons-le aussi, mérites réels ! Mais hélas le Solonis n'a pas fait fortune avant le *Riparia* il ne la fera plus !!!

Il paraît aujourd'hui avéré que le *Vitis Solonis* du jardin de Berlin, le même qui a fait ses preuves de résistance à côté du *Jacques* de M. Laliman, est bien une variété américaine, un hybride peut-être ! mais je me tais à ce sujet, depuis qu'on m'a répété qu'un savant professeur aurait dit : *Bien des écailles tomberont des yeux le jour ou je décrirai le Solonis !!!!*

Quoiqu'il en soit, le *Solonis* se fut montré parfait s'il eut trouvé dans les mauvais terrains une vigueur égale? Non ! l'exiger ce serait absurde, mais corrélative à celle qu'il acquiert dans les bons ; là, par exemple, il peut avoir des rivaux mais il n'a pas de maîtres.

Son aspect singulier ; sa pousse terre à terre comme celle du *Scuppernong ;* sa touffe fournie mais à rameaux d'une gracilité microscopique n'avaient pu vaincre ma répugnance instinctive, lorsque, pendant le congrès on me le montra jaunissant et souffreteux chez M. Louis Vialla à Saporta et en trois ou quatre endroits différents et cependant que d'éloges n'avait-on pas fait de cette variété sans défaut. Je songeai, alors, à ce que m'avait écrit à son propos un de mes amis viticulteur très connu : *pourquoi se préoccuper du bon quand on a le meilleur* et je me dis pourquoi me préoccuper du *Solonis* quand j'ai le *Riparia* et mon siège fut fait !

Dans les bons terrains le *Riparia* égale, au moins, le *Solonis* mais quelle différence en faveur du *Riparia* dans les terrains secs et pierreux ou le *Solonis* ne croit qu'avec peine ! (1)

Maintenant que nous avons éliminé les moindres adversaires il ne reste plus, en face, que deux champions redoutables entre lesquels nous allons devenir juges de camp :

La tribu des *Æstivalis* représentée par une espèce unique : le *Jacquez* qui pour être seule n'en a pas moins de valeur :

Et la tribu des *Riparia* comprenant toutes les variétés que nous a envoyées et que pourra nous envoyer, encore, le nouveau monde.

JACQUEZ ET RIPARIA.

En ce moment, Messieurs, les viticulteurs procèdent, dans la reconstitution de nos vignobles, par deux voies différentes : les uns veulent conserver nos nobles et vieilles variétés qu'ils grefferaient sur un porte-greffe universel et croient avoir trouvé ce phénix dans le *Riparia :* les autres cherchent à remplacer complètement notre vigne, qu'ils ne peuvent sauver, par des vignes résistantes d'égale valeur.

Il est évident que, si ces deux termes : résistantes et d'égale valeur pouvaient se trouver facilement réunis, toute discussion sur d'autres procédés, serait au moins oiseuse car la greffe sur cépage résistant est nécessitée seulement par la difficulté de trouver cette réunion, puisque jusqu'à ce jour, elle n'a été rencontrée que sur le *Jacquez* qui s'affirme depuis dix-sept ans. Mais cet

---

(1) Je ne l'ai jamais rencontré en pareil terrain.

exemple est encore unique et comme, malgré ses qualités incontestables, ce cépage est loin de valoir soit nos plus mauvais raisins de table, soit nos fins raisins de cuve ; comme aucune variété de table américaine, y compris les hybrides qui ne résistent pas, ne peut rivaliser avec les nôtres ; la greffe sera toujours indispensable pour ceux-ci et comme, enfin, le vin du *Jacquez* est un gros vin robuste, rude, un vin de coupage qu'on accepterait, à la rigueur, pour la table, mais qui ne remplacera jamais les vins délicats et fins de nos grands crus, le greffage est, encore, nécessaire pour conserver ceux-ci. Nous sommes, en conséquence, d'accord avec ceux qui proclament que l'avenir est aux porte-greffes ; mais cette affirmation, absolue pour le vin de luxe, devient complètement fausse quand il s'agit des vins à bon marché ou, comme dit l'américain :

For the Million !

Nous pouvons affirmer, en effet, sans crainte d'être démenti, que le *Jacquez* produira, chez nous, le vin d'abondance ; il donnera des vins acceptables par le commerce là ou l'*Aramon* ne donnait qu'un jus gris, une espèce d'eau salé dont l'industrie tirait l'excellente eau-de-vie du Languedoc et que le commerce n'acceptait, comme vin de table, que dans les années de grande disette.

Je m'amusais de la stupéfaction de nos collègues de la vallée du Rhône et du Lyonnais quand, arrivés le 3 septembre sur une exploitation vinicole des plus importantes et des mieux tenues, nous assistâmes un moment à la vendange des *Aramons : Tout cela est encore vert, disaient-ils ! c'est à peine si ces grappes ont une couleur grise ! Mais cela ne pourra jamais donner*

du vin !!! Plus loin les appareils distillatoires leur li-
vrèrent une partie du secret de la transformation.

Pourtant, en changeant, par la distillation, du vin à
peine fait en alcool, on fournit, il est vrai, au vin
faible, le degré qui lui fait défaut ; on diminue la
masse liquide dans laquelle la matière colorante est
répartie ; mais on n'ajoute pas un atôme de plus à cette
matière et pour donner à ce vin une couleur qui soit
acceptable on doit avoir recours à des procédés de coupage qui, d'habitude, sont l'affaire du commerçant ou à
des opérations de teinture artificielle que la loi et la
conscience condamnent également.

Notre propre expérience nous rend presque certaine
cette assertion : Si l'intelligent régisseur du domaine
dont nous parlons avait, à côté des carrés d'*Aramons*
submergés, établi proportionnellement des plantations
de *Jacquez* (ce qui est en voie d'exécution d'ailleurs),
son vin, quoique venu à côté de celui d'*Aramon*, aurait
donné, sans distillation, ce qui manquait à ce dernier.

Dans ce cas, donc, greffer le *Jacquez* eut été tout sim-
plement un non sens, une absurdité.

Le *Jacquez* par une taille courte, légèrement modifiée
sera le cépage universel des pays d'abondance comme
nôtre midi ; ce sera le succédané du *Mourvèdre*, pour
nous, mais bien supérieur à celui-ci encore.

Nous n'avons pas vu sur des coteaux secs, maigres
et pierreux des plantations de *Jacquez* assez importantes
pour apprécier les transformations qu'il y subit ; mais
l'analogie nous permet de dire qu'il y gagnera en qualité
ce qu'il y perdra en quantité ; hâtons-nous, cependant,
d'ajouter que c'est là qu'il devra subir l'opération de la
greffe, soit pour conserver nos èxquises variétés de

table, soit pour nous rendre les vins doux ou délicats auxquels nous sommes habitués.

On peut, encore, nous faire un reproche plus sérieux et dire que, planté dans nos plaines, le *Jacquez* sera, comme il vient de l'être récemment, périodiquement détruit par les gelées tardives !! Ne cherchons pas de détours et avouons ce fait incontestable franchement et loyalement.

Oui ! le *Jacquez* est plus sensible, à la gelée que beaucoup de nos vieilles variétés, que le *Mourvèdre* par exemple; mais ne regardons pas, comme règle, le bourgeonnement précoce actuel ; le moindre de nos vignerons sait, en effet, que les vignes jeunes, les plantiers, comme il les appelle, débourrant de meilleure heure que les mêmes vignes plus âgées, sont, tout d'abord, plus exposés aux gelées. Si ces inconvénients persistent plus tard ce sera le cas de transformer le vignoble à l'aide de la greffe ; les pieds, sur lesquels l'opération n'aura pas réussi, suffiront pour améliorer nos vieux produits et pour couvrir largement le prix de l'opération.

D'ailleurs, plus que tout autre, l'*Aramon* partage, s'il ne les exagère pas, tous ces inconvénients, et le *Languedocien* (Grenache, Alicante, Bois jaune) cet excellent plant n'en est pas exempt, tant s'en faut !

Nous arrivons, enfin, au reproche le plus grave que l'on puisse faire au *Jacquez* :

Cet excellente variété est sujette à l'anthrachnose ou pourriture, inconvénient qui en aurait fait abandonner la culture dans presque tous les Etats-Unis ou elle est, actuellement, reléguée dans le Texas. Il est, déjà même, attaqué de cette maladie chez M. Champin, au château des Salettes, près Montélimart (Drôme), là même ou prospèrent le *Cynthiana*, le *Norton's* ; là ou, comme le disait pittoresquement M. Robin, pendant qu'autour de nous tout mourait de soif, l'humidité de l'air était si grande qu'il faisait des récoltes de champignons dans son cabinet, sur les tiges de ses bottes.

L'antrachnose est, il est vrai, une maladie redoutable mais que, d'après M. L. Vialla, il est facile de combattre en traitant dès le début la vigne, avec la fleur de chaux, comme on le fait pour l'oïdium avec la fleur de soufre ; d'ailleurs, là ou d'autres *Æstivalis* sont splendides, le *Jacquez* pourrait n'être cultivé que comme porte-greffe.

Mais le climat de notre Provence, de la contrée si bien nommée : *le pays de la soif!* se rapproche bien plus de celui du chaud et sec Texas que de celui de la vallée du Rhône pleine de froid, de brouillards et d'humidité ; de sorte que cette maladie n'y saurait être à craindre que dans des situations tout à fait exceptionnelles.

Sélection — La connaissance des défauts que l'on reproche au *Jacquez* nous indique les qualités que nous devons rechercher pour améliorer cette variété nouvelle encore et presque telle qu'elle est sortie des mains de la nature.

Dès que notre stock de boutures sera assez considérable pour que l'on puisse considérer comme nulle leur valeur intrinsèque, le vigneron devra pratiquer la sélection dans la récolte des sarments.

Ainsi, avant de faire une plantation, il marquera pour lui fournir ses boutures :

Les pieds qui bourgeonnent le plus tard,

Ceux qui produisent les plus gros grains et les plus belles grappes.

Ceux qui auront donné la récolte la plus abondante et la plus saine.

Ceux qui se montreront les plus vigoureux.

Ceux enfin que le froid aura le plus habituellement
épargnés.

Le *Jacquez* mûrissant, chez nous, de bonne heure et à
toutes les expositions, il choisira, pour ses plantations,
les coteaux exposés au nord ; là, la vigne bourgeonnant
plus tard ne sera pas surprise par les gelées du printemps.

Il plantera, aussi, les vallons et les pentes habituellement parcourus par des courants d'air froid ou la vigne
se trouvera dans le cas précédent.

Il taillera tard pour retarder le développement trop
précoce du bourgeon.

Hybridation. — L'homme d'étude ou de pratique qui
voudra améliorer le *Jacquez* par croisement, aura d'autres précautions encore à prendre, pour obtenir les dé-
sidérata qui précèdent. Il devra choisir le pollen des
variétés que nous avons indiquées et, pour augmenter le
volume des grappes, de préférence celui des variétés
d'*Æstivalis* à gros fruits; mais il ne devra jamais prendre, pour parents, des variétés à fruits foxés ou non résistantes. Enfin, ce qu'il devra éviter, surtout, c'est de
proclamer hybrides des grains obtenus après l'hybridation s'il n'y retrouve pas tous les caractères des parents,
car l'hybridation est aussi rare que l'atavisme est fré-
quent.

Nous croyons avoir assez bien étudié le *Jacquez* pour
en faire comprendre tous les avantages, nous sommes
en mesure d'établir le parallèle entre les deux rivaux :

Parallèle entre Jacquez et Riparia.— *Jacquez* tout
seul d'un côté : de l'autre toutes les variétés de *Riparia*.

La 1re, la plus importante question à vider, est celle-
ci : *jouissent-ils d'une résistance égale?* Qui oserait
l'affirmer alors même que tout porte à le croire? le

Jacquez résiste depuis 17 ans dans les terrains phylloxe-
rés de M. Laliman, de Mme Borty et depuis moins longtemps dans une foule d'autres terrains plus infestés,
plus mauvais à coup sûr. Il n'a jamais montré nulle
part la moindre faiblesse. Le *Riparia* existe depuis 16 à
17 ans, il est vrai, sous la forme glabre, chez M. le
baron Périer, mais il se trouve, là, en dehors du rayon du
phylloxera et si celui-ci existe aux environs de Draguignan, le spécimen que l'on peut voir à la préfecture est
isolé dans un fouillis qui le rend difficile à attaquer. Enfin,
ne pourrait-il pas se faire que les pieds faibles que nous
avons signalés portassent en eux d'autres causes d'é-
puisement que celles que nous leur avons attribuées, le
phylloxera par exemple ?

N'oublions pas, en effet, que le *Riparia* n'est, en général, âgé chez nous que de 3 à 4 ans et qu'il arrive à
peine, ainsi, à la période critique pour les vignes Américaines non résistantes dont la grande majorité ne commence à donner des signes de faiblesse qu'à la 3e année
pour ne succomber qu'à la 4e ou 5e année. S'il en était
ainsi, pour lui, la présente année nous ménagerait de
cruelles surprises !

Il y a encore une autre question à se poser :

*Les deux variétés reprennent-elles aussi facilement
l'une que l'autre à la greffe ?*

L'introduction du *Riparia* est de date trop récente, encore, pour que les expériences faites à ce sujet soient
concluantes déjà. Qu'il me suffise de dire qu'elles sont
assez contradictoires jusqu'à ce jour.

Cette contradiction n'existe plus pour le *Jacquez*. Le
haut prix de son bois a empêché de multiplier ces essais
mais tous les expérimentateurs s'accordent à dire que,
si le *Jacquez* est un bon producteur direct c'est, aussi, le

meilleur porte-greffe : 1° parce que la greffe reprend sur lui avec plus de facilité que sur aucun autre ; 2° parce que son bois, acquérant plus d'épaisseur, permet de pratiquer notre bonne vieille greffe en fente, toujours la plus simple et la meilleure, beaucoup plus tôt sur lui que sur aucun autre.

Une dernière question est celle-ci :

La facilité de reprise étant égale sur les deux variétés, quels sont les motifs qui doivent faire préférer l'une ou l'autre ?

Ici les adversaires du *Jacquez* triomphent! les boutures de *Riparia* ne coûtant que la moitié du prix moyen de celles de *Jacquez*, la question d'économie, toujours vitale en agriculture, devra faire préférer le *Riparia*.

Mais il est facile de prouver que cette économie est plus apparente que réelle ! Que faut-il, en effet, pour que le viticulteur puisse laisser de côté cette question principale? Une pépinière d'une centaine de pieds qui, à l'achat, vous coûteront 15 fr. pour les *Riparia*, 30 fr. pour les *Jacquez*; les frais de plantation, de fumure, de culture et de défoncement restant les mêmes, c'est-à-dire, qu'en repartissant les dépenses sur les 3 premières années, la différence sera parfaitement négligeable.

Elle devient plus insignifiante encore si, au lieu d'établir une pépinière, on pratique le greffage sur pieds du pays. En ce cas, la longueur des mérithalles des *Riparia* ne permettant pas de pratiquer avec les boutures de ceux-ci un aussi grand nombre de greffes que les mérithalles beaucoup plus rapprochés du *Jacquez,* l'équilibre sera, déjà, presque rétabli. Enfin, cette question sera bientôt vidée si l'on prouve que l'économie, discutable tout d'abord, en employant les *Riparia*, est très réelle quand on adopte le *Jacquez*. C'est ce que je vais faire.

Avec quelque facilité que reprenne la greffe, il y aura
toujours des pieds qui refuseront non pas une année,
mais plusieurs années, toujours même de reprendre.
Tous les hommes pratiques connaissent cela. Si l'on a,
dans ce cas, choisi le *Riparia* le pied est frappé de stérilité pendant un an, deux ans, toujours ; avec le *Jacquez*
rien de pareil : l'année de la greffe sera perdue, mais
l'année suivante le pied manqué redonnera sa récolte.
Par là, les 5, 10, 15 pour % de non réussite, si tristes
pour nos anciennes exploitations, si décourageantes
pour notre nouvelle viticulture, deviendront un véritable
bienfait en apportant à nos vins d'abondance les éléments qui leur manquent le plus : le tannin, l'alcool et
la couleur. On l'a dit et je le répète avec satisfaction : le
Jacquez est le teinturier des teinturiers. Si le terrible
fléau, le phylloxera qui désole nos vignobles, venait à
disparaître, le *Jacquez* seul resterait au milieu de la
destruction générale et volontaire des variétés Américaines et alors, comme maintenant, je vous répèterais :

Plantez du Jacquez !!!! (1).

Je viens de passer en revue quelques-unes des variétés
les plus connues ; je me suis tu sur bon nombre d'autres
qui sont relativement anciennes et que l'on peut voir
dans ma collection, mais je puis offrir aux amateurs qui
désireraient faire comme moi : essayer, étudier, plus de
100 variétés, quelques-unes très rares, dont je donne
ci-après le catalogue avec annotation.

(1) Je viens de constater, en parcourant mes vignes, que les greffes de *Jacquez*,
dont les bourgeons principaux avaient tous été détruits par le froid, ayant avec
promptitude développé le contre œil de chaque bourgeon, les sarments nouveaux
apportent, chacun deux grappes, qualité fort rare parmi les variétés indigènes
elles-mêmes.

CATALOGUE

DES VARIÉTÉS ANCIENNES OU NOUVELLES QUE JE POSSÈDE
DANS MA COLLECTION.

1 Agawam.— Hybride.
2 Alvey.   id.
3 Autuchon.   id.
4 Barry.   id.
5 Baxter.— Æstivalis.
6 Black-July.   id.
7 Blue Dier.— Cordifolia.
8 — Favorite.— Æstivalis.
9 Bottsi.   id.
10 Brandt.— Hybride rais. le plus précoce.
11 Catawba.— Labrusca.
12 Champion. — Labrusca.
13 Cinerea (voir Vitis).
14 Clinton et Black Hamburg.— Hybride.
15 — Commun.— Riparia.
16 — Vialla.   id.
17 — Francklin.   id.
18 Concord.— Labrusca.
19 Conquéror.   id.
20 Cordifolia (voir Vitis).
21 Cornucopia. — Hybride.
22 Cunningham.— Æstivalis.
23 Cynthiana.   id.
24 Delaware. —   Hybride.
25 Delaware et Clinton. id.
26 Diana.— Labrusca.

27 Devereux.— Æstivalis.

28 Elsingburg.   id.

29 Elvira.— Hybride.

30 Essex.   id.

31 Eumélan.   id.

32 Francklin.— Riparia.

33 Goethe.— Hybride.

34 Grand noir. — Riparia.

35 Harthfort Prolifique.— Labrusca.

36 Harwood ou Herbemont à gros grain.

37 Herbemont.— Æstivalis.

38 Herman.   id.

39 Hybride Planchon.

40 Humboldt.— Æstivalis, semis de Louisiana.

41 Huntingdon.— Cordifolia.

42 Innomé de Pulliat.   V

43 Isabelle.— Labrusca.

44 Ives seedling.   id.

45 Jacquez.— Æstivalis.

46 Labrusca (voir Vitis).

47 Lenoir.—   Æstivalis.

48 Le Long Ganzin.   id.

49 Louisiana.   id.

50 Marion.-— Cordifolia.

51 Martha.— Labrusca.

52 Monticola (voir Vitis).

53 Mountains Sweet ou Surret (voir Cordifolia Coriacea)

54 Musthang (voir Vitis Candicans).

55 Native Vine (voir Vitis).

56 Néosho.— Æstivalis.

57 Noah.

58 Nortons Virginia.— Æstivalis.

59 Oporto.— Cordifolia.

60 Othello.— Hybride.

61 Pauline.— Æstivalis.

62 Paxton.— Labrusca, semis de Concord.

63 Pedroni.— Hybride.

64 Perkin's.— Labrusca très précoce.

65 Post-Oack.— Lincœcumii (voir Vitis Lincœcumii).

66 Rebecca.— Labrusca.

67 Robson's Seedling. — Æstivalis semis.

68 Rulander voir.   id.

69 Ste-Geneviève ou Louisiana. id.

70 Salem.— Hybride.

71 Scuppernong blanc.— Rotundifolia.

72 Scuppernong rouge.   id.

73 Taylors Bullit.—   Riparia.

74   —   Planchon à fruits noirs.   id.

75   —   Despétis à sarments rouges. id.

76   —   Improved.   id·

77 Télégraphe. V

78 To Kalon.— Labrusca.

79 Solonis (voir Vitis).— Riparia.

80 Solonis de semis, 5 variétés.

81 Rupestris (voir Vitis).

82 Ulhand.— Æstivalis, semis de Louisiana.

83 Wilder. — Hybride.

84 Yorcks Madeira. id.

85 Vitis Æstivalis type.

86   Canadensis.

87   Candicans

88   Cinerea.

89   Cordifolia Coriacea (voir Mountains Sweet).

90   Du jardin d'acclimatation.

91   Mâle, type du jardin bot. de Bordeaux

92   Rotundifolia à moi.

93 Vitis Flexuosa, vigne japonaise.

94   Labrusca, type fertile.

95   Mexicana.

96   Monticola.

97   Native du Canada.

98   Riparia baron Périer.

99   Bourgeons bronzés.

100   Dorés.

101   Fabre de Saint-Clément.

102   Jaune fertile.

103   Guiraud de Nimes.

104   Léénhardt de Montpellier.

105   Reich de l'Armeillère.

106   Levigata variés.

107   Mâle rouge.

108   Martin des Pallières.

109   De la préfecture du Var.

110   M. Reverchon de Dallas (Texas).

111   Sericea.

112   Tigré (voir jaune fertile).

113   Tomenteux blanc.

114   Rose.

115   Violet.

116   Semblable au Clinton.

117 Semis de Labrusca.

118   Æstivalis.

119   Cinerea.

120   Cordifolia.

121 Welb's Large Black.— Labrusca.

Mais que de variétés à rejeter de cette longue nomenclature !!! L'expérience a, en effet, démontré qu'aucune
des variétés de *Labrusca* ne peut résister à la piqûre du

phylloxera; toutes ces variétés étant cependant un peu plus résistantes que nos *Vinifera*. Les *Labrusca* ne peuvent donc offrir quelque intérêt qu'à de rares collectionneurs.

Il en est de même des hybrides qui ont la moindre trace de sang de *Labrusca* et malheureusement, jusque à ce jour, les Américains n'avaient cherché à créer des hybrides qu'entre les *Labrusca* et les *Vinifera* et les hybrides resistants, tels que l'*Yorck's Madeira*, n'ont été déclarés hybrides qu'après coup et pour se conformer à la règle. Ainsi l'*Yorck's* était un *Labrusca*, on le proclamait, on le démontrait le plus résistant de tous et il était le seul résistant, pour expliquer l'exception, il a fallu le déclarer triplement hybride de *Labrusca*, ce qui était incontestable, et de deux tribus résistantes : *Æstivalis* et *Cordifolia*.

Ceux qui voudront hybrider, aujourd'hui, ne doivent guères sortir des *Æstivalis* surtout depuis qu'il paraît certain que nous avons des *Æstivalis* à gros grains.

Le *Post-Oack*, dont on a fait une tribu particulière après l'avoir rangé parmi les *Æstivalis* et qui est si voisin du *Musthang*, n'a pas encore dit son dernier mot et lorsque sa résistance sera devenue évidente il pourra être utilisé dans ce but.

La variété que M. Douysset appelle : le *Mountain's Surret* et que j'ai nommée *Cordifolia Coriacea*, s'est, depuis deux ans, déjà, montrée complètement indemne chez moi, au milieu du phylloxera, et de fait, ses racines sont si singulières qu'on eut pu les déclarer indemnes à priori. Si l'expérience affirmait cette qualité, ce serait une précieuse acquisition; mais comme sa reprise de bouture est très difficile, il faudrait le multiplier de graines récoltées sur pieds francs.

Le *Rupestris* a, chez M. Ganzin et chez moi, montré deux qualités précieuses : il émet, de chaque nœud qui n'est pas trop éloigné du sol, un cylindre radical qui, une fois implanté en terre, y développe une grande quantité de racines et, ces racines de 2ᵉ sève, contrairement à ce qui arrive à celles-ci, ne montraient ni phylloxera ni nodosités.

Si ces faits étaient constants, nous trouverions réunies sur le même pied, deux qualités qui rendraient toutes recherches ultérieures inutiles ; nous posséderions ainsi le phœnix des porte-greffes et notre viticulture serait véritablement sauvée du naufrage où elle s'abime (1).

Nous avons inscrit, aussi, dans cette nomenclature, plusieurs variétés qui nous ont été envoyées récemment et sur lesquelles nous ne pouvons, en conséquence, dire que peu de chose.

Qu'est-ce que le *Noah*, par exemple ? Je n'en ai entendu parler que très peu.

M. le professeur Millardet s'occupe beaucoup du *Vitis Cinerea*, d'après le savant botaniste, sans être indemne, ce type serait résistant au plus haut point.

Qu'est-ce que le *Grand Noir* que je tiens de M. le professeur Foëx ? Est-ce le même que celui que le docteur Despetis m'a envoyé sous le nom de *Welb's Large Black*. La traduction : le *Grand Noir de Welb's*, donnerait à le supposer.

Qu'elle pourra être l'utilité du *Monticola* que l'on regarde comme une forme d'*Æstivalis* ?

Nous ne savons rien, aussi, sur le *Robson's Seedling* que l'on nous dit être un *Æstivalis*.

---

(1) Je reçois à l'instant une lettre dans laquelle le docteur Despetis m'annonce qu'il a trouvé quelques nodosités sur les racines du *Rupestris*.

Pour ce qui regarde la *Vitis Mexicana*, que nous devons à l'obligeance de M. Léenhardt, nous transcrivons ce qu'il nous en a dit :

Cette variété a été offerte à M. Meisneer, gendre de M. Bush, sans autre désignation ; elle offre, sur le *Jacquez* commun, les avantages suivants :

Elle est plus vigoureuse, plus fertile ; ses baies sont plus grosses; elle est plus résistante.

Ces éloges me font faire les vœux les plus ardents pour que, parmi ceux que j'ai reçus, l'unique pied qui bourgeonne après avoir échappé aux gelées et à la grêle, se développant vigoureusement, nous permette de poursuivre avec fruit son étude.

Il ne me resterait plus, maintenant, à parler que des formes multiples du *Riparia*, mais je l'ai déjà fait si souvent que je m'arrête enfin, vous priant de me pardonner d'avoir abusé si longtemps de votre patience.

TABLE DES MATIÈRES.

L'année passée 1878 et l'année présente 1879.

INFLUENCES CLIMATÉRIQUES.

La sécheresse...................................... 3
Les grands froids.................... 4
Les pluies et la submersion........ 5
Les vents...................... 7
Les travaux d'hiver............... .. 7
Le Nocera de Catane et la Carignane............ 8

LES INSECTICIDES.

Le fait de M. Meùnier....................... 10

LES VIGNES RÉSISTANTES.

Qu'est-ce que la résistance?.. 11

LES PRINCIPAUX CÉPAGES RÉSISTANTS.

Les Rotundifolia -- *Scuppernong*.............. 12
Les Labrusca — *Concord*.. 12

La mission de M. Planchon............................ 13

Les Riparia — *Clinton*............................ 15

Le fait de Soriech. 15

   —   de M. *Pagezy*.. 16

Les Æstivalis — *Taylor's*............................ 21

   —   *Jacquez* 23

Le fait de M. de Fabry............................ 23

Les Riparia sauvages............................ 25

Les porte-greffes au Texas............................ 27

Le congrès de 1878............................ 29

VARIÉTÉS SECONDAIRES.

Æstivalis ou producteurs directs............... 31

1ᵉʳ groupe.
   { *Herbemont*............................ 31
   { *Cunningham*............................ 32
   { *Rulander*............................ 32

2ᵐᵉ groupe.
   { *Cynthiana*............................ 33
   { *Norton's Virginia* 33
   { *Hermann* 33
   { *Neoshò*............................ 33

PORTE-GREFFES.

Vitis Candicans *Musthang* 33

  id. Linccœcumii *Post-oack*............................ 34

  id. Riparia — *Série des Clintons*............... 34

Hybrides . .
   { *Yorck's Madeira*............................ 35
   { *Solonis* 36

Jacquez et Riparia............................ 37

Sélection et hybridation............................ 41

Parallèle entre Jacquez et Riparia............... 42

Catalogue des variétés de ma collection........... 46

Annotations............................ 49

www.ingramcontent.com/pod-product-compliance
Lightning Source LLC
Chambersburg PA
CBHW050539210326
41520CB00012B/2635